鬥嘴一班
學常識

編寫：新雅編輯室

故事創作：卓瑩

新雅文化事業有限公司
www.sunya.com.hk

編者的話

新雅編輯室

常識科涉及的知識豐富、內容廣泛，鼓勵孩子關心社會、認識世界，好像要他們對各方面「通通識」一樣。可是就孩子而言，一下子接收這麼多資訊絕不容易，隨時弄巧反拙，削弱他們學習這個科目的興趣。因此我們編寫了《鬥嘴一班學常識》，透過暢銷橋樑書《鬥嘴一班》裏的一羣小角色在討論時各自表達己見，帶出不同立場的想法，啟發孩子思考各種各樣的常識議題。他們可以先了解本書提出的意見，再想一想自己有什麼看法，加強思維能力。

此外，我們更邀請了《鬥嘴一班》的作者卓瑩撰寫漫畫故事，讓孩子跟喜愛的小角色一起溫習常識科各個範疇的內容。書中有不少充滿童趣的惹笑對白，能讓孩子會心微笑呢！

設計本書的時候，我們期望以輕鬆活潑的形式替孩子重溫常識科的課程，並滲入有關香港、世界各地以至宇宙的有趣小知識，擴闊他們的視野。例如香港的街名從何而來？外國有哪些「不能吃的食物」和「無法使用的貨幣」？太空裏栽種了什麼植物？

社會不斷發展，科技日新月異，要吸收源源不絕的知識，孩子必須自主學習。課餘時，家長不妨建議孩子閱讀本書推薦的常識主題圖書，拓寬學習空間，增進不同範疇的知識！

給小朋友的話

《鬥嘴一班》作者
卓瑩

猶記得自己還是小學生的時候，學校設有社會、健教和自然三科，分別是教導學生認識社會、衛生常識以及花、鳥、蟲、魚等大自然事物。課本中的內容實際如何雖早已忘卻，但在我的印象中，課程的內容很簡單，不必特別用功也能應付過去。

然而時至今日，從前的社會、健教和自然三科已歸納成常識一科，而常識科涵蓋的範圍也遠比從前廣泛得多。除了前述的基本知識外，還加入了天文、歷史、文化、地理、生物、科學，乃至世界經濟及資訊科技等各方面。

隨着科技日新月異，人們對萬事萬物的認知度不斷提升，學校裏的課程也必須與時並進，這是無可厚非的事實。但對於一個小學生而言，要把各種各樣的知識全部牢記於心，誠非易事。

故此，繼《鬥嘴一班學成語》之後，我決定再接再厲，把《鬥嘴一班》的小角色們加進常識科之中。書中嘗試以幽默惹笑的漫畫和對話，帶出不同的常識主題，再配以相關的知識和圖片，讓孩子們在不知不覺間學習常識；期望能提升學習興趣，加深他們對相關主題的理解和記憶。

小朋友，藍天小學的常識班開課了。你們快來跟文樂心和高立民等同學們一起上課，看看誰才是真正的常識高手啊！

人物介紹

文樂心（小辮子）

開朗熱情，好奇心強，但有點粗心大意，經常烏龍百出。

高立民

班裏的高材生，為人熱心、孝順，身高是他的致命傷。

胡直

籃球隊隊員，運動健將，只是學習成績總是不太好。

江小柔

文靜溫柔，善解人意，非常擅長繪畫。

黃子祺

為人多嘴，愛搞怪，是讓人又愛又恨的搗蛋鬼。

周志明

調皮又貪玩，和黃子祺是班中的「最佳拍檔」。

吳慧珠（珠珠）

個性豁達單純，是班裏的開心果，吃是她最愛的事。

謝海詩（海獅）

聰明伶俐，愛表現自己，是個好勝心強的小女皇。

羅校長

藍天小學的校長。

徐老師

班主任，中文老師。

麥老師（憤怒鳥老師）

藍天小學課外活動組導師。

第一章
健康生活

愛護自己

1

2

第二天

你們知道嗎？電子屏幕發出的藍光對眼睛有害，躲在黑暗的被窩裏玩手機，隨時會變瞎子呢！

你是説笑吧？

3

這是眼科醫生説的，不信的話你自己看看！

電子屏幕發出的藍光對眼睛有害

4

吃午飯的時候

嘻嘻

Z

5

怎麼我眼前一片漆黑？該不會是瞎了吧？

6

你戴着眼罩，當然什麼都看不見啦！

我們應好好保護自己的身體，避免受到傷害。例如在日常生活中，我們經常會使用電腦，使用時有什麼要注意呢？

保護眼睛
我們應跟電腦屏幕保持 30 至 60 厘米的距離，並在光線充足的地方使用電腦。當眼睛感到疲倦時，便要休息一下。

保護耳朵
使用電腦時，我們可能會戴上耳機。那就要避免把音量調得太高，以免聽覺受損。

保持正確的姿勢
當我們坐在電腦前，要靠着椅背，挺直腰背。雙腳平放，腳板自然地放在地上。而使用鍵盤和滑鼠時，手腕要保持平直，鍵盤前也要預留足夠的空間來承托雙手。

你知道嗎？

現代人的疾病
長時間使用電子裝置，容易患上「電腦視覺綜合症」，出現眼睛疲勞、視力模糊、頭痛等症狀。使用一至兩小時後，記得停下來休息一下！

最近有家長向學校投訴，孩子因沉迷玩網絡遊戲，令身體出了毛病。同學們，你們怎麼看？

唉，我放學後既要做功課，又要溫習課本，早就忙得喘不過氣，哪有時間玩網絡遊戲？

正因為平日功課繁忙，我才要好好放鬆。只要適當地分配作息時間，那就不成問題啦！

網絡遊戲很刺激！既可以升級，又可以挑戰不同的任務，好玩極了！況且我的朋友都喜歡玩網絡遊戲，不加入的話就跟不上話題了。

而且，現在玩網絡遊戲也可以成為職業呢！我曾經看過外國的電子競技比賽，有不少專業的選手都很厲害！

不但如此，還可以結交朋友呢！我就是因此而認識了幾位外國朋友，不時跟他們聊聊天，很有意思啊！

嘩，沒想到連珠珠都玩網絡遊戲呢！

嘻嘻，我也是偶爾玩玩而已。

不過，長時間玩網絡遊戲，會損害我們的視力和聽覺，更會影響睡眠。你們小心，別在上課時打瞌睡啊！

哎呀，你怎麼會知道的？你真留意我！

想一想

- 參考各個同學的意見，玩網絡遊戲有什麼好處和壞處？請說一說。
- 除了使用電腦外，我們在日常生活中，還需要怎樣保護自己的身體？請說一說。

1

瑤瑤，對不起，爸爸最近很忙，無法回家過節。

爸爸不守信用，騙子！

2

瑤瑤，別怪爸爸吧，他是逼不得已的。

啪！

3

啪！

雖然你心愛的陶瓷娃娃破了，但你還有我啊！我保證可以讓你重拾歡顏！

4

文樂心的睡房

真的？

當然啦，我們是好鄰居、好朋友嘛！

5

你又要扔東西嗎？可以放過我在日本買的紀念品嗎？

6

哈哈，跟你開玩笑的啦！

我果然能令你重拾歡顏呢！

遇到不同的事情，我們就會產生不同的情緒，例如開心、激動、緊張、擔心等。當有負面情緒時，我們可以適當地調節自己的感受，讓心情好轉，例如：

- 做做運動，讓身心放鬆。
- 聽聽音樂，舒緩負面的情緒。
- 想一些開心的事情，用正面的思維去面對。
- 把傷心的事情寫／畫下來，用文字／圖畫表達感受。
- 跟能夠信任的人傾訴心事，包括家人、老師、朋友、同學或社工。

我們應盡量保持心境開朗，即使心情不好，也不要做出傷害自己或別人的事情啊！還要顧及別人的感受，不要故意傷害他們的自尊。

你知道嗎？

改變心情的藝術

當你去醫院看醫生或探訪病人時，有看到牆上一幅幅漂亮的壁畫嗎？原來讓病人置身色彩繽紛的環境裏，能夠減輕痛苦和焦慮呢！

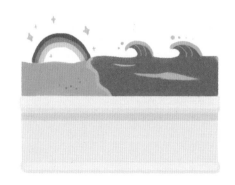

你們會在社交媒體中，跟親友分享自己的心情嗎？

才不要呢，那麼私人的事情，怎麼能向其他人公開？

不過，在網上分享自己的不快，看到別人的支持和鼓勵，心情必定會好轉的啊！

小辮子，我看你只是想博取別人的關注吧？如果得不到回覆，也許你會覺得大家都不喜歡你，悶悶不樂起來。😆

哼，我才不會呢！我只是覺得開心的時候，能藉着社交媒體把喜悅傳播給別人；悲傷時又能透過分享抒發情緒，比悶在心中好多了！

 況且要親口把心事說出來，難免有點尷尬。在網絡上發表就不用擔心，可以盡情地說啦！

是呀，而且所有朋友都能即時看到，不必逐一向大家通報，多方便！

 可是有些人無論大事小事都不停更新近況，起初我也會回應他們，但頻繁的更新真是令人厭煩！

那些人大概是想得到別人的安慰吧！

 如果傷心時收到了惡意的回覆，恐怕會雪上加霜。我覺得分享時，還是小心謹慎一點比較好。

- 你會用什麼方法抒發自己的感受？請說一說。
- 參考各個同學的意見，你贊成在社交媒體中分享自己的心情嗎？為什麼？

飲食好習慣

吃午飯的時候 [1]

周志明，你這樣太浪費食物了吧？

蔬菜太難吃了，我才不要吃，你喜歡便拿去吧！

真的？那我就不客氣了！

我們兩個真合拍！

[3]

接下來的日子，周志明每天都把蔬菜分給吳慧珠，而她每次都全部吃光。

幾天後 [4]

珠珠，你吃太飽了，我陪你到保健室找老師擦些藥油吧！

痛！

[5]

保健室

我已經便秘了好幾天，肚子脹脹的，很不舒服。

周志明，你怎麼也在這兒？

[6]

嘻，你們倆果然合拍啊！

食物提供身體需要的能量和營養，幫助我們健康成長。要養成良好的飲食習慣，我們必須遵守三大原則！

定時飲食
每天要吃早、午、晚三餐，每餐都有既定的時間。

飲食均衡
每天都要吃五大類的食物，包括穀米類、蔬菜瓜果類、肉魚蛋豆類、奶品類和油鹽糖類。切記不可偏食，以免營養不良，影響發育。

適量進食
吃東西時，避免吃得太飽，也不要長期空着肚子。

此外，我們還要學習飲食的禮儀。例如：吃東西時不要狼吞虎嚥，進食時不要發出聲響。做個有儀態的孩子！

你知道嗎？

不能吃的食物
世界各地都有以食物作造型的建築物，例如蘇格蘭的鄧莫爾建築有一座菠蘿形屋頂，芝加哥的瑪利納城外形就像兩條粟米。那些建築師一定非常貪吃呢！

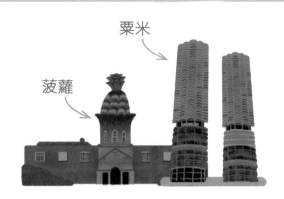

粟米

菠蘿

我家中有食物過了最佳食用日期，你們覺得我應該把它丟掉還是吃掉呢？

當然是丟掉啦，誰會吃變壞了的食物？珠珠，你別這麼饞嘴好嗎？

才不是，我只是不想浪費而已！

我也不贊成浪費食物，不過，「最佳食用日期」不就是用來提醒我們要在限期前吃掉嗎？吃了過期食品之後拉肚子怎麼辦？

你們真是有所不知。香港有一家超級市場專門售賣過期或包裝損毀的食品，既能讓窮人以便宜的價錢購買食物，又能減少浪費，一舉兩得呢！

如果那些食物沒有問題，為什麼要減價出售呢？

新鮮食品當然要盡快吃掉，但有的罐頭、餅乾、麵條本來就可以存放很久。難道一過了最佳食用日期，食物就會立即變壞嗎？這是不可能吧！

我也是為了自己的身體設想呀！如果真要吃得環保，那就該在最佳食用日期前吃掉食物嘛！

別忘了，吃剩的食物可以用學校裏的廚餘機來製成肥料。即使你不敢吃，至少也把它變成有用的東西啊！

想一想

- 參考各個同學的意見，你會怎樣處理過期食品呢？請說一說。
- 食物安全中心指出食物過了最佳食用日期，表示品質不是最好，但還能吃。既然如此，你認為為什麼還要加上最佳食用日期？請說一說。

生病了

1
我們來比試一局，這次我一定可以打敗你們！

好呀，比就比，誰怕誰啊！

2
胡直竟然射失了球！我們贏了！

3
哼，終於見識到我們的厲害吧！

唉，怎麼會這樣！

4
砰！

胡直，你怎麼了？

5
在保健室裏

你發燒了呢！

6
胡直是因為生病才會失手，剛才的比賽你們不算贏！

什麼呀，生病也可以是勝負的理由嗎？這不公平！

　　每個人都會生病，連一向身體強健的胡直也不例外。當我們生病時，有什麼需要注意的地方呢？

看醫生時

我們要把自己的病情詳細地告訴醫生，領取藥物時應聽清楚護士對每種藥的解說。

吃藥時

我們必須仔細閱讀藥物標籤，留意服用時間、次數和分量。記得不可以用茶、汽水或果汁來送藥吃。還要按照醫生指示，定時吃藥，並把所有藥物服完。

　　生病了就不要上學，留在家中休息。盡量多喝水，吃清淡而有營養的食物。如果需要外出，就得戴上口罩，以免散播病菌。

你知道嗎？

特別的展覽館

　　在金鐘道政府合署有一個以禁毒教育為主題的展覽館——藥物資訊天地。館內介紹了不同的藥物，並透過吸毒者的經歷，講述濫用藥物的害處。

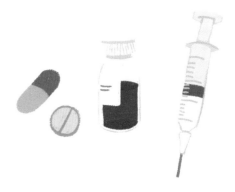

我感冒了呢，大家覺得我應該去看中醫還是西醫？抑或吃成藥便算了？

當然是吃成藥啦，既省錢又省事！我家附近的西醫診所往往要花半天時間輪候，如果我病入膏肓的話，隨時等不及就病死了，哈哈！

我爸爸喜歡到政府註冊的藥房購買成藥，方便又快捷！家裏還剩下不少成藥，以備不時之需。

醫生是針對不同的病情處方藥物的，你們怎麼能胡亂吃成藥呢？萬一出事了怎麼辦？

哼，你總是跟我唱反調！

高立民說得有道理，生病了應該請醫生診治。媽媽通常會帶我去看中醫，不過中藥的味道很苦，我最怕喝它了！

幸好我生病時，媽媽會帶我去看西醫。只要把藥丸一口氣吞下去，就不會覺得苦。

看中醫或西醫，不應該根據藥的味道來決定吧？😄

依我看，中西醫各有千秋。中醫師會幫助病人調理身體，令身體恢復健康，讓疾病消失；西醫則針對發病原因對症下藥，我們可以根據個人習慣來選擇。

可是媽媽說吃中藥成效較慢，吃西藥卻有較多副作用，我到底該怎麼抉擇才好呢？

想一想

- 參考各個同學的意見，中醫和西醫有什麼分別？請說一說。
- 根據你的經驗，你會選擇吃成藥、看中醫還是西醫呢？為什麼？

小小說書人

學習有關「健康生活」的常識主題，最重要多閱讀相關的課外圖書。現在有請高立民為大家推薦他的心水圖書！

常識主題圖書介紹

《好奇水先生：人體的神奇之旅》

■ Agostino Traini 著／繪

這本書透過生病的孩子喝水，展開奇妙的人體之旅：水從食道進入胃部，到達大腸和小腸，再經過膀胱離開身體。閱讀這本書，便能認識不同器官的用途，明白水對身體有多重要！

我們的身體裏有什麼器官？什麼是流行性感冒？發燒時為什麼會流汗？各位同學，如果你們想知道答案，不妨看看這本圖書，試做科學小實驗，增進科普常識！

第二章
科學與科技

可愛的動物

1 小息時

2 雖然小白回家去了，但大家不必失望。我剛剛救了一隻小動物，保證牠沒有主人，我們可以收養牠啊！

那是什麼動物？

3 就是這隻可愛的小青蛙！

4 救命呀！

呱呱

5 珠珠，你怎麼把青蛙帶來學校啊？

為什麼小白可以來學校，青蛙就不可以？難道青蛙不是動物嗎？

6 大家知道嗎？這可不是尋常的青蛙，牠叫盧文氏樹蛙，是受法例所保護的野生動物，不能私自飼養的。

*想知道更多關於本故事內容，可看《鬥嘴一班 6 給牠一個家》。

26

香港雖然是個繁華的城市，卻有不少野生動物出沒。我們可以根據動物的居住環境來分類，例如：

在樹林裏生長
蛇、松鼠、猴子等

在海洋裏生長
蝦、水母、中華白海豚等

在濕地裏生長
彈塗魚、招潮蟹、小白鷺等

除了居住環境外，這些動物又可以分為胎生（又稱哺乳類動物）和卵生。除了鯨魚和海豚外，大部分胎生動物都是在陸地生活的。考考你，你可以把上述的動物例子重新分類嗎？請把答案填在適當的橫線上。

胎生動物： _____

卵生動物： _____

你知道嗎？

動物專用通道

人們建高速公路能令交通便利，卻把動物居住的森林分割開來。因此，不少國家都會設置野生動物通道，就像我們平日走的隧道一樣，幫助動物橫過公路。

胎生動物：蛇、松鼠、猴子、蝦、水母、中華白海豚
卵生動物：蛇、松鼠、猴子、蝦、水母、彈塗魚、招潮蟹、小白鷺
答案：

近來有不少學校舉行素食午餐計劃，讓學生每逢星期一的午餐不吃肉類食品。如果學校舉辦類似的活動，你們願意參加嗎？

當然願意啦！動物這麼可愛，怎麼忍心吃掉呢？

哈，難道牠們只是星期一才可愛嗎？

如果參加了素食午餐計劃，我不就每個星期一都吃不到美味的炸雞腿和咖喱魚丸了嗎？不要！我不要參加！

我最討厭吃蔬菜了！而且我們正處於發育階段，如果只吃蔬果，不但會妨礙生長，更有機會暈倒啊！

除了吃蔬果外，其實我們還可以吃穀米類食品。只要攝取充足的營養，應該不會暈倒的。況且多吃蔬果對身體有益，反而肉類含有不少脂肪和毒素，多吃會引起疾病。

徐老師，你不是常常叫我們不要偏食嗎？那麼只吃蔬菜算不算是偏食？

我們不應偏食，那是因為要吸收不同的營養，幫助成長。不過，這些營養不一定來自肉類，從植物中也可找到。

沒錯，我們不過每星期吃素食一次而已，何樂而不為呢？而且我在書裏看過，少吃肉能夠減少碳排放，對環境大有好處呢！

是啊，其實我心裏一直很矛盾，一方面希望愛護動物，一方面卻在吃肉。參加這個活動總算是個好開始吧！

想一想

- 參考各個同學的意見，吃素食有什麼好處和壞處？請說一說。
- 如果有機會，你願意參加素食午餐計劃嗎？為什麼？

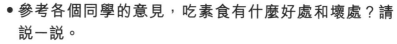

植物綠油油

1 在學校農地裏

大家辛苦了好幾個月，總算有收成了。你們快站到農地旁邊，我幫你們拍照留念吧！

2

啊！

咔嚓

3 在教室裏

咦，高立民，為什麼找不到你？你那天沒有上學嗎？

4

怎麼會？那天我還幫忙澆水呢！

對對對，我也記得是這樣。

奇怪，那麼你到底在哪兒？

5

你們還好意思說，你看，我被大家擠到番茄樹後面啦！

6

哈哈，高立民，原來你比番茄樹還要矮啊！

你找死啊！

*想知道更多關於本故事內容，可看《鬥嘴一班7綠色小天使》。

藍天小學的花圃裏種滿了茂盛的植物，令人心曠神怡。植物的種類很多，大部分都是在陸地生長的，只有一些長在水裏。

我們可從植物會不會開花來分類，例如：

有花植物
大紅花

無花植物
柳樹

如果從植物的形態來區分，就可以分為喬木和灌木。喬木的主幹明顯，較高大；灌木的主幹不明顯，較矮小。例如：

喬木
樟樹

灌木
杜鵑

你知道嗎？

外太空花朵

為了給太空人提供新鮮的蔬菜作食材，科學家一直努力研究在太空栽種植物。經歷多次失敗後，他們悉心種植的百日菊終於開花了！

不少同學都參加過郊外植樹活動，那麼你們認為應不應該在市區裏種植樹木呢？

應該呀，樹木能令空氣清新，又可減低溫室效應，而且能夠美化環境，讓市區變得一片綠油油呢！

樹木還能夠為行人遮擋陽光，降低市區的溫度呢！

但我記得曾經有樹木塌下來，壓傷路過的途人。市區裏人來人往，種植樹木是不是有點危險？

每次颳颱風都會吹倒不少樹木，看來它們不太適合在市區裏生長啊！

我見過有人在樹上掛上燈飾，又用刀刻刮樹幹，一定是他們令樹木受傷倒塌啦！🥺

除了人們蓄意破壞外，還可能是因為路旁的花槽太小，使樹木沒有足夠空間生長，無力抵禦颱風。如果市區裏的樹木健康成長，就能發揮它的作用。

可是有些樹木樹幹粗大，佔據了大半條行人路。假如再給它們更多空間，我們恐怕要走到馬路上去了。

哼，你們只想到樹木對人們的作用和影響，怎麼就不關心一下它們的情況呢？在天橋下生長的樹木，要被逼定期進行修剪；在馬路旁生長的樹也常常被汽車撞倒，真是太可憐了！我們有辦法可以幫幫它們嗎？

想一想

● 參考各個同學的意見，你贊成在市區裏種植樹木嗎？為什麼？

● 人們可以怎樣保護市區裏的樹木？請說一說。

1 在郊野公園裏

哇！

2

你們看，那兒有一顆流星呀，大家快許願吧！

在哪兒？我沒看見啊！

3

大家快看，這邊也有啊！

哇，我看到了！

我也看到了！

漫天閃爍的星星加上明亮的流星，真漂亮！

4

這兒沒有光害，終於讓我見識了人生中第一場流星雨呢！

對啊，真的是大豐收呢！

5

你們誰都沒有我的收穫多。

你有什麼收穫？

6

這兒沒有光害，卻有蚊患。

嗚嗚！

你們看，這些會飛的「星星」全都跑到我身上呢！

　　文樂心、高立民等人看到的那片星空真美麗！除了閃爍的星星外，你們知道天空中還有什麼嗎？

☀️ 太陽

地球一直繞着太陽轉動，每轉一圈就代表一年過去。太陽能發光和發熱，讓我們感受到温暖。白天時，我們會看到它從東方升起；傍晚時，就會看到它從西方落下。

🌑 月亮（即月球）

雖然我們能看到明亮的月光，但其實月亮不會發光，只是反射了太陽的光。它繞着地球轉動，同時伴隨着地球圍繞太陽轉。在一個月內，它的形狀都不相同，包括新月、半月和滿月。

🌙 新月　　🌓 半月　　🌕 滿月

你知道嗎？

天空中的紅色精靈

　　發生雷暴時，如果雷雨雲向上放電，就有機會發射出紅色的光芒。這種自然現象一閃即逝，非常罕見。天文學家為它改了一個可愛的名字——紅色精靈！

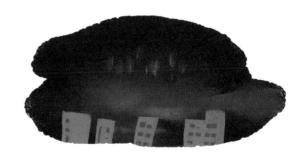

有人建議在香港設立「星空保育區」，關掉不必要的燈光，讓夜間的天空環境保持黑暗。你們有什麼意見呢？

我當然贊成啦！漫天星星的景象實在太壯觀了！

這是我在紐西蘭的國際暗天保護區裏拍的相片！

嘩，很漂亮呀！可惜我家附近有太多大型廣告招牌，晚上又不關燈。別說星星，連月亮也幾乎看不見呢！

 其實不僅廣告燈箱，燈光音樂匯演和光影匯演也把維多利亞港兩岸照得亮亮的，非常刺眼。

那可是香港夜景的特色，每晚都有很多遊客慕名而來。況且整個表演只是維持十多分鐘，應該沒什麼關係吧。

 如果有美麗的星空，說不定會吸引更多遊客呢！

你們真奇怪，大家明明可以到郊外觀星，為什麼非要在市區裏看到星空呢？馬路要有街燈照明，我們在家裏也要使用電燈，怎能說關就關呢？

 強光不但會損害我們的眼睛，更會影響睡眠。除了必要的照明外，晚上真的需要那麼多電燈嗎？

 想一想

- 你家附近有「不必要的燈光」嗎？請你找一找，然後舉出一些例子。
- 參考各個同學的意見，你贊成在香港設立「星空保育區」嗎？為什麼？

1 在課堂上

古時沒有電話和網絡，人們用什麼方法來傳遞信息？

2

沒錯，古人就是利用信鴿或驛馬傳遞書信。不過，同學們上課時是嚴禁私自傳遞信息的。

3

徐老師，飛鴿傳書太慢了，如果有緊急軍事情報怎麼辦？

他們會利用烽火台，讓後方的軍隊快速地了解情況。

4 小息時

各位同學，以後一看到這個信號，就代表老師突擊檢查，大家千萬要小心！

5

救火呀！

6

拜託你看清楚，這不是火，而是乾冰啊！

當我們想跟住在外國的親友聯繫時，可以採用什麼通訊方式呢？

寄信件

親手書寫的信件讀來特別有親切感，不過信息傳遞得較慢，更有機會寄失信件。

手機或固網電話的撥號功能

只要撥個電話，就能傳送語音信息，而且信息傳遞得較快、較遠。

手機或電腦中的即時通訊軟件

即時通訊軟件能傳送語音、文字信息，還可交換即時動態圖像和即時影像。而且軟件具有儲存功能，對方不用即時回覆。這種通訊方式信息同樣傳遞得較快、較遠，但須視乎網絡的速度。

你知道嗎？

網絡安全

網上的安全響起警號了！因此澳洲成立了網絡安全委員會（eSafety Commissioner），專門監察網絡安全，調查有關網絡欺凌的事件，並保護網絡用戶的私隱。

學校打算將「校園電台」搬到社交媒體，在放學後進行網上直播。你們對網上直播有什麼感覺呢？

這個主意棒極了！我平時也有收看別人在網上直播玩遊戲機，主持人說話風趣，有時還會即時回應觀眾，非常互動。

媽媽的朋友偶爾會在網上直播做菜，沒想到成了「網絡紅人」，引來不少觀眾追看呢！最近她跟廚具品牌公司合作，在直播時用他們的廚具來做菜，就像電視廣告一樣。

可是我覺得有一些直播內容很無聊，如睡覺、發呆，簡直浪費時間！

如果直播內容乏味，我們可以選擇不收看嘛！不過要小心，你們千萬別直播自己看電影、球賽、演唱會等，這樣會侵犯版權，那是犯法的啊！

我曾經跟媽媽一起看過購物網站直播試吃零食，幾個主持人吃得津津有味，結果我們訂購了很多零食呢！

他們的直播果然有很大的宣傳效益啊！

唉，可惜買回來的零食不太好吃！媽媽說有些沒良心的直播主持人會裝出很美味的樣子，吸引顧客購買。

的確是，但當然有人是真心誠意跟大家分享好東西的，我們唯有小心判斷了！

想一想

- 你有收看／進行網上直播嗎？請分享一次你收看／進行網上直播的經歷。
- 參考各個同學的意見，網上直播有什麼好處和壞處？請說一說。

小小說書人

學習有關「科學與科技」的常識主題，最重要多閱讀相關的課外圖書。現在有請文樂心為大家推薦她的心水圖書！

常識主題圖書介紹

《原來如此！好奇孩子不可不知的 258 個事實》

■ 蘇珊·馬蒂諾　著

這本書共有 24 個千奇百趣的主題，涵蓋動物、自然環境、天文地理、人類生活、歷史文化等方面，包羅萬有。

• 設「趣味生詞」，學習科學詞彙。

讓我分享學習常識科的心得，那就是懷着好奇心去認識世界！這本書告訴我不少動物擁有保護自己的「特異功能」，天空中有特殊的自然現象等等。我閱讀時總是禁不住說：「噢，原來如此！」

第三章
人與環境

1　吃午飯的時候

噗！

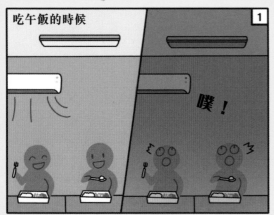

2

是怎麼回事？

應該是停電了吧！

3

不是吧？炎炎夏日，沒有空調怎麼辦？

我們可以用紙來摺扇子啊！

4

外面天色昏暗，沒有了電燈，我們怎麼看書啊？

我們可以像古人一樣，暫時用蠟燭照明啊！

太好了，小柔你真聰明！

5

哇！你們一定是知道今天是我的生日，故意要給我驚喜吧。

6

我很感動，謝謝大家！

呼～

當我們開啟電源，就能使用電器，真方便！可是，那些推動電器的電力來源是什麼？

化石燃料
它來自遠古生物身體的物質，這些天然資源是有限的，一旦用完就沒有了。例如：煤、石油、天然氣等。

可再生能源
它來自大自然的能源，能取之不盡，是清潔的能源。例如：風能、太陽能、地熱能等。

核能
它是利用核燃料來發電，能夠大量發電，卻會產生有輻射的廢料。

這些能源由發電廠製成電力，經電纜送到各家各戶去。

你知道嗎？

可愛的發電廠
說起發電廠，大概會聯想到噴出煙霧的工廠。可是中國和美國卻分別擁有一座造型可愛的太陽能發電廠：從高空看下去，那是一隻黑白色的熊貓和米奇老鼠的剪影！

有環保團體建議關閉所有核電站，你們覺得怎樣呢？

我在新聞報道中看到，有好幾個地方都發生過嚴重的核事故，而且死傷無數，我實在不明白為什麼人們還要繼續使用核能。

那都是多年前的事故，現在科技應該進步不少了吧？

聽說核能產生的放射性廢料，對環境的影響會持續數百年，可不是過幾年便能消退的啊！😄

萬一有壞人把核電廠裏存放的核燃料用來做武器，那豈不是要世界末日了？😟

你們真是杞人憂天！核能可以產生大量電力，又不像其他能源會噴出溫室氣體，對改善環境大有幫助呢！

使用核能的確不會噴出溫室氣體，卻會產生核廢料，處理不當反而會破壞環境，那真是得不償失。

但你們試想想，我們每天使用電燈、電腦、冰箱等電器，全部都花不少電力。假如沒有核電站發電，恐怕大家都不夠電力使用呢！

我們可以利用可再生能源啊！我跟爸爸媽媽去南丫島時，便看見過一座風力發電機。

可惜沒有風的時候就不能發電，好像不太可靠吧？ 😊

  想一想

- 在日常生活中，你可以做什麼來節約能源呢？請舉出三項。
- 參考各個同學的意見，你認為應關閉所有核電站嗎？為什麼？

可怕的天災

1 一個懸掛着十號颶風信號的下午

2
媽媽，外面的風颳得這麼厲害，我們會不會有危險？

你真是杞人憂天，我們可是住在高樓大廈裏，哪會這麼脆弱？

放心，只要我們做好防風措施，家裏是很安全的。

3
●ＸＸＴＶ ＋10

低窪地區出現嚴重水浸

天災的威力真可怕！

4
哎呀！

奶奶！

5
我沒事，謝謝你們！

6
天災無法預計，但「人禍」是可以避免的吧？

奶奶，對不起，我保證以後一定會把東西放好。

Ex. Book.
文學心

　　世界各地有不少人受到天災影響，例如山火、雪災、地震、海嘯等。香港甚少發生這些天災，但在夏季經常會颳颱風。我們應時刻留意天文台發出的風暴消息，待在安全的地方。

颱風帶來的影響
出現惡劣天氣時，不少公共交通工具需要停駛，導致交通中斷。不少地區都會有樹木倒塌，更有機會令河道氾濫，出現水浸或山泥傾瀉。

防風措施
颳颱風時，我們需要把容易被吹走的物件放進室內。我們還要盡量遠離岸邊，不要在這種天氣下進行水上活動，防止意外發生。

你知道嗎？

逃生裝備
　　發生災難時，如果有一個「逃生包」，說不定能救你一命！逃生包裏面需要放什麼？除了食物和水外，最好還有用來照明的電筒、求救的口哨和急救藥物。

快颳颱風了，你們知道香港有什麼颱風應變措施嗎？

每次颳颱風前，我們家樓下的管理員叔叔都會為玻璃大門和窗戶貼上膠紙，從不馬虎呢！

不僅是住宅大廈，政府大樓、商場或其他公眾場所也會貼上膠紙，並把容易被吹走的物品收好。

香港的颱風警告信號系統完善，我們只要密切留意天文台發布的消息，就能及時做好防風措施。

是呀，無論是電視、收音機或在網上都可以知道最新的風暴消息，非常方便。

媽媽每次都會趁天氣變得惡劣前，到超級市場預先購買需要的食物和用品。颱風到來時，我們就可以待在家裏，不用外出購物了。

我最喜歡颳颱風，那是我們放假的大好日子！😃

心心，你這麼想就不對了！香港有些地區會受大雨影響，出現水浸。有的人家裏更會被水淹沒，忙着清理，一點也不好玩啊！

就是嘛！颳颱風時仍有很多人要謹守崗位，繼續工作，例如駕駛公共交通工具的司機和報道天氣狀況的記者。

別忘了還有那些即使冒着生命危險，都要出動救助別人的消防員呢！

想一想

- 根據你的經驗，你會怎樣度過颱風天？請説一説。
- 參考各個同學的意見，你認為香港人面對颱風的應變措施足夠嗎？請説一説。

沙灘清潔運動日

1

我們要盡量把所有垃圾拾起來。

2

老師,沙灘上的樹枝、樹葉和石頭,是不是也得清理掉?

大自然的東西應該保留,我們只須撿起人們帶來的垃圾。

3

4

那些亂丟垃圾的人真缺德!

5

哼,我覺得應該把污染環境的人抓去坐牢啊!

咇咇咇!

6

噢,你這個臭屁大王又在污染空氣,我要叫警察叔叔把你抓去坐牢!

我不是故意的,不能算數啊!

常識現場

城市發展令環境污染變得越來越嚴重，究竟香港現在面對什麼污染問題呢？

空氣污染
香港的空氣污染來源廣泛，例如汽車排放廢氣、工廠產生污染物，就連人們吸煙，也會影響空氣質素。

廢物污染
政府會從香港各區收集不同類型的廢物，例如：家居廢物、商業廢物、工業廢物等。只有小部分廢物會回收再造，其他垃圾均棄置在堆填區。

水質污染
我們的日常生活都會產生污水，例如清潔、煮食、洗澡等。此外，工商業發展、填海工程也會污染海水。

你知道嗎？

空氣罐頭

加拿大、英國、澳洲等空氣良好的國家紛紛製造「空氣罐頭」，售賣新鮮空氣。呼吸空氣明明是免費的，但在空氣污染嚴重的國家，人們竟然需要付錢購買清新的空氣。

你們贊成收取「家居垃圾費」，讓丟垃圾的人付錢處理廢物嗎？

我們買東西要付錢，丟垃圾當然也得付錢，這很公平啊！

如果要付錢，人們應該會減少丟棄垃圾。說不定還會把垃圾分類回收，循環再造，真是一舉兩得呢。

你真是異想天開！現在很多屋苑都設有分類回收箱，但真正會使用的又有多少人？如果「家居垃圾費」費用太便宜，恐怕大家根本不會主動減少廢物。

 我最擔心就是有人會為了逃避付錢，把垃圾丟在走廊上，影響環境衞生呢！

對啊，這些人還可能會把垃圾丟在街上的垃圾箱呢！

 如果清潔工人能挨家挨戶收集垃圾，然後按垃圾的數量收取費用，就可以解決問題啦！

這樣會大大增加清潔工人的工作量！一座住宅大廈可能有數百戶人家，他們得花多少時間才能完成任務？

 或者在社區裏設置一個中央垃圾站，讓人們到那裏秤一下垃圾的重量，然後按重量收費。不過無論如何，也需要大家互相配合才行啊！

- 在日常生活中，有什麼方法可減少廢物？請舉出三項。
- 參考各個同學的意見，你贊成收取「家居垃圾費」嗎？為什麼？

小小說書人

學習有關「人與環境」的常識主題，最重要多閱讀相關的課外圖書。現在有請謝海詩為大家推薦她的心水圖書！

常識主題圖書介紹

《新雅兒童環保故事集》系列

■周蜜蜜　著

　　這幾本書以故事的形式，傳遞保護環境的信息。整個系列共有 4 本，分別是：

- 聽！聽！說不完的風中傳奇
- 愛你！愛你！綠寶貝
- 飛吧，飛吧，美麗的生命
- 你好，你好，藍海的使者

學習這個主題的目的是培育我們愛護環境的態度，加上我喜歡看文字較多的書。因此我建議大家看這 4 本故事書，認識一下雀鳥、樹木、綠海龜、蝴蝶和中華白海豚，明白跟大自然和諧共處有多重要。

第四章
中外文化

過去的香港

2

日佔時期

3

原來當時的糧食是限量發放的，那時香港的居民真可憐啊！

4

幸好我是現代人，如果我生活在那個年代，相信我很快便餓死了！

5

餓死這回事，怎麼説也輪不到你。

為什麼？

6

就憑你一身的脂肪，相信可以支撐一年半載。説不定還能因禍得福，減肥成功呢！

黃子祺，你試試再說一遍！

香港曾經被英國殖民管治了百多年。讓我們回到過去，了解一下香港從前發生了什麼大事。

英國管治時期

清朝中葉，清政府和英國發生「鴉片戰爭」。當時清政府因戰敗，而用土地賠償給英國。英國分別在 1842 年管治香港島，1860 年管治九龍半島，並在 1898 年強行租借新界，為期 99 年。

日本管治時期

第二次世界大戰期間，香港淪陷。自 1941 年 12 月 25 日起，被日本統治了 3 年零 8 個月。

香港特別行政區

1984 年，中華人民共和國和英國代表在北京簽署《中英聯合聲明》，訂明會在 1997 年把香港交還給中國。在 1997 年 7 月 1 日，中國正式對香港恢復行使主權，香港特別行政區成立。

你知道嗎？

街名從何來？

香港曾經被英國殖民管治，所以有部分街道會以英國地名或人名來命名。此外，有些街道的名稱是以食品、植物、天體等來命名。

我來自天體水星！

Mercury Street
水星街

除了一座座歷史建築外，香港還有一些非物質文化遺產，例如傳統表演藝術粵劇。各位同學，你們認為應在中文課上加入粵劇的課題嗎？

不要了吧？我們學的課題已經夠多了。而且我覺得學習粵劇就跟話劇班、舞蹈班一樣，應該按照我們的喜好，讓有興趣的同學在課餘時間自由參與就好了。

沒錯，既然中文課不用學習演話劇，那當然亦不用學粵劇，我們要一視同仁嘛！

我經常看到一位鄰居婆婆去看粵劇，所以我一直以為那是老人家才喜歡的活動呢！

但徐老師說粵劇是非物質文化遺產，那就代表它值得人們學習。如果加進了中文科的課程，便可以保護粵劇文化，讓它長長久久地流傳下去。

既然年輕人都不愛看粵劇，我們還有把它保存下去的必要嗎？

誰說沒有？是你不懂得欣賞粵劇的優美之處罷了。

哼，我不懂難道你就懂嗎？

雖然我也不太懂，但參觀沙田文化博物館時，我見過「粵劇文物館」裏搭建的舞台和漂亮的戲服，真的很有特色。如果有機會我也想試試，但演員們那些誇張的化妝，我就不太喜歡了，呵呵！

想一想

- 參考各個同學的意見，你認為應在中文課上學習粵劇嗎？請說一說。
- 你認為應怎樣推廣粵劇文化？請說一說。

陸運會開幕式

嘩，當升旗手真威風啊，我也想當一回呢！

噓！《國歌法》規定播放國歌時必須保持莊重，不可以隨意喧嘩。

請各位肅立！

珠珠違法了，你死定了！

對不起，對不起，我不是故意的！

吳慧珠是無心之失，但你們卻是存心搗亂，對嗎？

國慶

中華人民共和國在 1949 年 10 月 1 日成立，於是把這天定為國慶日。

國歌

中國國歌是《義勇軍進行曲》，由聶耳來作曲，田漢來填詞。當聽到奏國歌，我們便要肅立起來。

首都

中國的首都是北京，更是一個繁榮的城市。那裏有不少名勝古跡，例如故宮、萬里長城等。

中華民族

中華民族由56個民族組成，漢族佔大多數。其他少數民族包括苗族、回族、壯族、蒙古族等。這些少數民族的飲食習慣、服飾、節日都跟我們不同，各有特色。

你知道嗎？

莊嚴的升旗禮

每月第一日早上，金紫荊廣場都會舉行升旗禮。穿上禮服的警員負責升起中國國旗和香港區旗，警察銀樂隊還會演奏國歌呢！

一年一度的國慶日，大家通常會怎樣度過？

每年國慶日晚上，我都會跟爸爸媽媽到維多利亞港觀賞煙花匯演，感受一下熱鬧的氣氛呢！

我最怕人多擠迫的地方了，我寧可留在家裏看電視上的直播。

我記得有一年，爸爸媽媽一大清早便拉着我到灣仔金紫荊廣場參加升旗禮。我以為我們已經夠早了，沒想到到達時才發現，那裏早已聚集了很多市民和遊客呢！

 爸爸媽媽工作繁忙，向來不會有什麼特別的慶祝活動。但沒關係，善用假期來讀完一本心愛的書也不錯啊！

那麼大家知道慶祝國慶日的意義嗎？ :)

 國慶日就跟我們的生日差不多吧？不過這不是一個人的生日，而是一個國家的生日，讓人們可以祝福它。

我記得學校舉行升旗禮時，老師會提醒大家保持安靜，那是要我們學習尊重吧。

 除了國慶日外，我還在電視上看過奧林匹克運動會比賽的頒獎典禮。當升起國旗和奏國歌時，各國勝出的運動員也同樣會向國旗肅立致敬呢！

 想一想
- 每個國家都有自己的國旗，請你在網上找一找資料，把三個國家的國旗畫出來。
- 你有參加過國慶日的慶祝活動嗎？請分享你的經歷。

1

在教室裏

嘩，原來除了著名的四大發明外，瓷器、足球、輪船、紙幣等也是由中國人首創的呢！

2

嗯，將來我也要當一個發明家，造福人羣！

就憑你？可以嗎？

3

當然可以啦！我現在就有想要發明的東西了！

那是什麼？

4

我要發明時光機，回到唐代跟詩人李白見面！

5

我也要發明！

我要發明一道怎麼吃也吃不完的甜品，讓所有人都能大飽口福！

6

真受不了她們……

常識現場

　　古往今來，中國都有不少厲害的科學成就和歷史名人誕生。讓我們穿越時空，認識這些引以為傲的發明和人物吧。

中國的四大發明

- 指南車：幫助我們辨認方向。
- 造紙術：由蔡倫發明，製作方便書寫的紙張。
- 印刷術：由畢昇發明「活字印刷術」，方便大量製作書籍。
- 火藥：可用來製作煙花或炸藥，進行涉及爆破的建設工程時，也會使用它；同時可用作武器，危及生命。

中國著名的歷史人物

- 孔子：熱心教育學生，後世稱他為「萬世師表」。
- 秦始皇：第一個統一中國的皇帝，曾下令修築長城。
- 華佗：用心研究醫學問題，以高明的醫術治療病人。
- 孫中山：是一位革命家，畢生致力推翻滿清政府。

你知道嗎？

粒粒皆辛苦

　　現在用打印機列印文件很方便，從前的人卻是用刻有不同文字的鉛字粒來印刷，真是「粒粒皆辛苦」！在柴灣的「印‧藝‧廊」展覽區，就能看到這些古老的印刷用具。

鉛字粒

糟糕，剛才考試時我一時情急寫了一些簡體字，你們覺得徐老師會把這些字當作錯別字嗎？

有的字筆畫真的挺多，改為寫簡體字也不要緊吧？反正徐老師看得明白就是了！

沒錯，考試時間緊迫，寫簡體字可以節省時間，省一秒說不定會多拿一分啊！

你們只把筆畫多的字改為簡體字，其他字卻仍然以繁體字書寫，不會覺得有點怪怪的嗎？

它們都是中文字，有什麼問題？

當然有問題啦！我們在中文課學習過漢字的結構，每個字組成的方法都不同，這些方法比較適用於繁體字。

 我們的課本使用繁體字，考試時需要寫出跟課本一模一樣的文字，那些簡體字當然算是錯別字吧！

在中國，寫簡體字的人比寫繁體字的人多。根據「少數服從多數」的原則，我贊成使用簡體字！

 你這樣是「恃多欺少」，我反對！

依我看，既然有這麼多人寫簡體字，我們也不妨認識一下。不過我們在學校學習，自然要有正確的標準，所以還是跟從課本寫繁體字比較好啦！

想一想

- 參考各個同學的意見，你贊成學生使用中文簡體字嗎？為什麼？
- 查閱中文字典時，你可以在哪裏找到文字的簡體字版本呢？請翻開中文字典，找一找。

今年學校活動日的主題是「中外節日」。

我最喜歡就是「裝神弄鬼」的萬聖節了！

說到「鬼」，中國也有盂蘭盆節啊！

萬聖節跟中國的「鬼節」可不一樣，不但可以裝扮一番，還可以趁機捉弄別人，好玩極了！

哼，說穿了你就是愛搞蛋！

我還是比較喜歡節日氣氛濃厚的聖誕節，與家人一起的感覺特別溫馨。

黃子祺，你在做什麼？

沒什麼，只是在慶祝我最喜歡的泰國潑水節而已。

常識現場

　　香港既有西方節日，也有中國傳統節日，融合了中外文化。大家一起來認識中西方相關的節日吧！

可怕的鬼節

說到跟「鬼怪」相關的節日，中西方的代表分別是盂蘭盆節（農曆七月十四、十五日）和萬聖節（10月31日）。盂蘭盆節是中國傳統祭祀祖先的日子，教育子孫要孝敬父母；萬聖節來自歐洲古老民族凱爾特人的習俗，相傳那天是鬼魂最接近人間的日子。

甜蜜的情人節

元宵節（農曆正月十五）是中國的情人節，這天香港會舉行綵燈晚會，讓戀人賞花燈、猜燈謎。至於西方情人節（2月14日），戀人就在當天互相送贈巧克力作禮物。

你知道嗎？

最古怪的節日！

　　中外都有不少歷史悠久的特別節日，不過有機構選出了「世界十大古怪節日」，而長洲太平清醮舉行的「搶包山大賽」竟然榜上有名！其他入選節日還有英國的滾芝士節、美國的 UFO 節等。

跟親友團聚拜年是農曆新年的傳統習俗之一，但近年有不少人選擇到外地旅遊，你們又有什麼意見呢？

我才不要去旅行呢！跟爸媽去拜年時，能從長輩那裏收到許多紅封包，還有各種賀年美食，怎麼能錯過啊！

可是我們每年只有聖誕節、農曆新年、復活節和暑假四個長假期，還要爸爸媽媽同時放假，才能一家人到外地旅遊。即使碰巧要在農曆新年時離開香港，我也沒所謂了！

是呀，跟家人一起去旅行真是很難得，可以留下不少快樂的回憶呢！😄

旅行嘛，什麼時候都能去。但農曆新年期間，香港到處都充滿節日氣氛，我們不但可以跟家人辦年貨、逛花市，還能跟親友團聚，這些都是在其他地方無法體會的啊！

想跟親友團聚隨時都可以啦，何必一定要在農曆新年？中秋節不是也同樣有跟親友團圓的意義嗎？

這怎麼能相比？我們在學校學習了不同節日的意義和習俗，卻不在現實中實踐出來，不是太可惜了嗎？

對啊，而且有的親友平時很少聯絡，只能趁着農曆新年這個大日子才能見上一面，這個節日真的很重要啊！

如果你們只是為了維持拜年的傳統，才特意碰面，這好像沒有意義吧？

想一想

- 你怎樣度過去年的農曆新年？請說一說。
- 參考各個同學的意見，你認為農曆新年應到外地旅遊，還是留在香港跟親友團聚？為什麼？

1 日本北海道小樽運河

小樽的雪景真美，爸爸媽媽，你們快來拍照啊！

2

北海道露天温泉酒店

3

泡在温泉裏，即使下着雪也不覺得冷呢！

我很喜歡這兒呢！

4 日本北海道札幌機場

因為有暴風雪的關係，所有出發到香港的航班都取消了。

X AIRLINE

5

爸爸，難道我們今晚要在機場裏睡覺嗎？

這可是難得一遇的行程啊！

6

哈哈！

不是吧？這也算是旅遊景點嗎？

　　每個國家都有特別的旅遊景點，在那裏居住的人，也有着跟我們不一樣的生活方式和習慣。例如：

日本位於亞洲，那裏的人說日本語，當地特式食品有壽司。日本到處都有鳥居，相傳它能把人類和神明連接起來，其中最著名的是嚴島神社的海上鳥居。

鳥居

凱旋門

法國位於歐洲，當地的人說法語。他們喜歡吃麵包、喝葡萄酒，對飲食非常講究。那裏有不少著名的旅遊景點，如凱旋門、羅浮宮等。

　　我們可根據自己的興趣、時間、金錢預算，來選擇到不同的地方旅遊。

你知道嗎？

複製古跡

　　天災人禍或自然風化有機會令珍貴的古跡消失，幸好有考古學家收集那些古跡的照片，並利用 3D 打印技術，把它重現人間。

「不文明旅遊」是指人們到外地時，做出不符合禮儀的事情。最近接二連三有香港遊客在外地發生這種情況，你們覺得怎麼樣？

我在社交媒體也看到呀，有外國人說遇到香港遊客在禁止拍照的地方自拍呢！

我還聽說有外國人抱怨香港遊客沒禮貌，而且常常投訴，惹人討厭。

外國人對香港遊客印象不好的話，說不定不再願意前來香港旅遊。那是不是對香港的旅遊業有很大影響？

旅遊時不守秩序，的確會為當地人添麻煩。上星期我參觀科學館時，就遇到了「不文明旅遊」的人。他們擅自帶走展品，令工作人員很苦惱。

我知道外國有機構寫了《世界公民手冊》，向人們解釋每個地區的文化、習俗和宗教都不一樣，教導他們要尊重別人的習慣。我們在旅行前，也可以先看看這本手冊啊！

沒錯，我們應該先搜集資料，了解當地文化，以免因為文化不同造成誤解。

在香港遇到遊客，我們也應該以禮相待，表示歡迎。那些遊客回家後，就會告訴朋友：香港人很有禮貌啊！

哈哈，不錯啊，我們這是在為香港打廣告呢！

想一想

- 參考各個同學的意見，發生「不文明旅遊」的情況會帶來什麼影響？請說一說。
- 你認為應怎樣改善外國人對香港遊客的印象？請舉出兩個建議。

小小說書人

學習有關「中外文化」的常識主題，最重要多閱讀相關的課外圖書。現在有請周志明為大家推薦他的心水圖書！

常識主題圖書介紹

《大開眼界小百科：世界民族大不同》

■朱麗亞‧卡蘭德拉‧博納烏拉　著

這本書介紹了 8 個國家的地理環境、歷史、文化，還有人們的生活方式、節慶活動等資訊。

內容包括以下國家：墨西哥、非洲、阿拉伯、俄羅斯、中國、印度、日本和澳洲。

熱情的墨西哥、驚險刺激的非洲、神秘的阿拉伯……你們對這些國家感到好奇嗎？想知道那裏的風土人情嗎？只要讀這本書，就能擴闊世界觀，讓你大開眼界！

第五章
關心社會

1

我們做最後的綵排吧！

踩夕嘉年華管弦樂團表演

2

啊！

怎麼啦？

糟了，我忘了帶樂譜，怎麼辦？

3

小辮子你這個冒失鬼！

沒關係，我們都住在區內嘛。現在時間還早，回家一趟也來得及！

好，我立刻去！

4

距離管弦樂團表演的時間還有五分鐘……

哎呀！

5

有沙吹進眼睛啊！眼睛睜不開了，怎麼辦？表演快要開始了！

對啊，這裏設有盲人引路徑，剛好一直延伸到公園去。我只要跟着引路徑走，不就行了嗎？

6

幸好你回來了！

呼

幸好這個社區的設備完善才對！

香港由香港島、九龍和新界（包括離島）組成，共分成 18 區。每個社區裏都有各式各樣的設施，讓我們生活得更方便。例如：

- 交通設施：港鐵、巴士、小巴、的士、電車、渡輪等
- 購物設施：商場、超級市場、街市、各式商店等
- 文娛設施：公園、球場、體育館、游泳池、圖書館等
- 救援設施：醫院、診所、警署、消防局等
- 其　　他：餐廳、學校、銀行、郵政局、社區中心等
- 公共設備：街燈、郵箱、交通燈、斑馬線、垃圾箱、行人天橋、道路警告標誌等

社區是屬於大眾的，我們要愛護這些設施，還有責任保持居住環境清潔。

你知道嗎？

路燈地圖

迷路並需要救援時，如果不清楚自己的位置，可以把附近路燈燈柱的編號告訴 999 報案中心。因為香港每一支路燈燈柱都有不同的編號，只要翻查一下，就能找到你身處的地方了！

我是位於灣仔的路燈，編號 43600。

老師問我們覺得自己住的社區裏，給傷健人士使用的無障礙設施是否足夠。我剛剛搬來，不太清楚。你們可以幫一幫我嗎？

我在街上看見有給失明人士使用的引路徑連接整個社區，這對他們應該算方便吧？

可是我之前打籃球弄傷了腿，才發現原來行動不便的人根本便無法在公園裏玩耍！

我記得在電視上看過，香港有好幾個公園加入了沙池、斜台等遊樂設施，讓傷健人士使用。只可惜我們這個社區沒有……

 全港只有幾個無障礙公園，這樣不太公平吧！

我還發現有的港鐵站出入口只有樓梯，沒有電梯或升降機。坐輪椅的人往往要繞遠路或找別人幫忙，才能乘搭港鐵。

 即使有升降機又有什麼用？在繁忙時間時，大門一打開，人們就一窩蜂擁進升降機，坐輪椅的人根本擠不進去。

人們實在太自私了！

 不過有的樓梯加設了輪椅升降台，幫助傷健人士上落，那就不用依賴升降機了。

 想一想

- 除了同學提及的無障礙設施外，你居住的社區裏還有哪些無障礙設施？請觀察一下，然後說一說。
- 你認為社區裏應為傷健人士增加什麼設施？請說一說。

我們的家園

1

各位同學，今天視藝課繪畫的主題是夢想之家。

夢想之家

2

我長大後一定要像爸爸那樣，建一座時尚的房子。

3

我希望家裏有一個大花園，種滿七彩繽紛的花朵。

4

如果我可以像白雪公主那樣，住在夢幻的城堡裏就好了！

5

香港寸金尺土，可建不起這些豪華大宅啊！

可不是嘛，香港地少人多，哪有空間來建？

唉，我的美夢要破滅了！

6

珠珠，別失望，我送你一座「移動城堡」。歡迎你免費入住，哈哈哈！

哼

　　香港山多平地少，可供建屋的土地不多。為了應付不斷增加的人口，香港到處都建了大大小小、不同類型的房屋。

公營房屋
那是由政府興建的房屋，包括公共屋邨和居屋屋苑。

私營房屋
那是由私人建築商興建的房屋，包括私人屋苑和其他私人住宅，如唐樓、單幢式樓宇、村屋、洋房等。

　　此外，香港還有一些特別的房屋，例如充滿漁村風情的大澳棚屋，讓人在水上居住的艇屋等。

棚屋

你知道嗎？

動植物的家
　　魚菜共生就是一邊養魚，一邊種菜，而且毋須你花時間去餵飼或施肥，各自也能健康成長。那就好像動植物共同創造的家園！其實這個「家」的原理是魚為菜提供養料，菜又替魚潔淨水源，互相照顧。

 香港有不少露宿者在街頭生活，你們對這些露宿者有什麼想法呢？

那些露宿者沒有家，要在街上日曬雨淋，太可憐了！

 可是我有點害怕他們，每次經過學校附近的天橋底時，我總是提心吊膽的。

怕什麼？我們平時也會去郊外露營，不就等於「露宿」嗎？你就把他們當作在天橋底露營好了！

這怎麼能相比？天橋底是公眾地方啊！他們擅自佔用，把個人物品隨意放在街上，會對附近居民造成不便。

周志明，你這樣未免太自私了。如果他們有地方居住，也不會露宿。他們的生活已經很艱苦，我們何必落井下石？

話雖如此，但他們的個人物品又殘又舊，還散發陣陣異味，會影響環境衞生的。況且街上的環境惡劣，根本不適合露宿，他們應該設法搬走啊！

爸爸常常告訴我，香港的租金非常昂貴。我猜那些露宿者在街頭生活，大概是無可奈何的吧。

幸好有一些善心人，會不時給露宿者派發免費飯盒，又會贈送衣服和被子，算是稍微改善他們的生活。

想一想

- 參考各個同學的意見，你對露宿者有什麼想法呢？請說一說。
- 你認為可以怎樣幫助露宿者？請說一說。

購物天堂

1

XXX百貨公司

2 文具部

這是日本剛推出的新款式，想不到這裏也有售賣呢！

這些圖案膠帶也是最新款式的，在香港什麼也能買到！

3 服裝部

4

這條裙子看來挺不錯！

嗯，你穿起來一定很好看！

好，那我就買這一件吧！

5 收銀處

我用爸爸給我的信用卡付款！

對不起，小妹妹，這不能使用。

香港是購物天堂，百貨公司怎麼可能不接受信用卡付款？

6

小妹妹，你這張並不是信用卡，而是你的八達通卡啊。

嘻嘻

　　香港是著名的購物天堂，到處都有購物地點，各種各樣的商品應有盡有。要做個精明的消費者，我們就必須注意自己的權益和義務。

消費者的權益

我們可以自由選擇喜歡的商品，也可就這些商品表達個人意見。而且我們有權獲得正確的商品資訊，保障我們不會受騙。如有貨不對辦，可向商戶或生產商投訴，並獲得公正的賠償。

消費者的義務

購物時，我們應遵守商店列出的規則，例如不可盜竊或擅自使用末付款的商品。購物後，我們必須妥善保管商品的單據，更不可無理索償。

你知道嗎？

無法使用的貨幣

　　在澳洲境內有一個小國，叫赫特河公國（Principality of Hutt River）。這個國家裏有約 20 個居民，卻擁有自己的貨幣。可惜這些貨幣只是紀念品，遊客可用澳元來購買呢！

各位好姐妹，如果你們想買東西，你們會選擇在網上購物，還是去逛商店呢？

心心，你有什麼想買嗎？我比較喜歡到商店購物，因為親自選購的話，可以慢慢看清楚，選出最喜歡的東西。

小柔，我想買生日禮物送給媽媽。但我在附近的商場逛了很久，還是找不到滿意的，便想試試網上購物啦！

可是網上購物需要使用信用卡，那就必須請爸爸或媽媽幫忙，太麻煩了。

不會呀，我最喜歡就是拉着媽媽一起在網上購買零食了！網上商店不但款式多，而且經常有折扣優惠，更可直接把貨物送到家門來，非常方便。

我媽媽喜歡看外國出版的英文圖書，香港的書店買不到，只能在網上購買，但總是要等很久才收到貨品。

小辮子，為什麼你只問女生？難道我們男生就不可以買東西嗎？

對啊，我也會儲零用錢來買遊戲機！不過我擔心網上會售賣假冒的商品，還是在有信譽的商店購買比較安全。

網上購物或多或少都會有風險，我們只是小學生，零用錢不多，還是在商店裏親自挑選比較好，以免買了不合適的東西啊！

想一想

- 參考各個同學的意見，你會選擇在網上購物，還是去逛商店買東西呢？為什麼？
- 根據你的理財習慣，你會怎樣分配自己的零用錢？請說一說。

四通八達

上常識課時

1 今天我們會認識一下香港的各種交通工具和設施。

2
香港的道路四通八達，還有各式各樣的交通工具，方便極了！

3
香港的機場每天都有許多飛機飛往世界各地。世界雖大，有什麼地方到不了呢？

4 真的嗎？我想到月球探望嫦娥姐姐，可以嗎？

5
香港暫時沒有火箭這種交通工具啊！

6 拜託，這個已經不是香港交通的問題，而是航天科技的範疇吧！

常識現場

香港的交通四通八達，到那裏去都非常方便。而且這些交通工具的設備完善，既舒適又快捷。

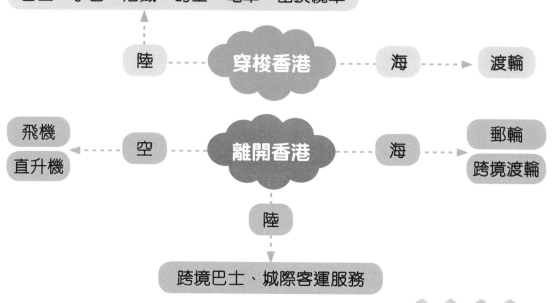

巴士、小巴、港鐵、的士、電車、山頂纜車

陸 ····· **穿梭香港** ····· 海 ——→ 渡輪

飛機
直升機 ←····· 空 ····· **離開香港** ····· 海 ——→ 郵輪
跨境渡輪

陸

跨境巴士、城際客運服務

你知道嗎？

車票知多少？

平日乘坐交通工具時，我們總會帶備八達通卡，究竟有多久沒有使用過單程票呢？一起來看看這些車票和船票吧。

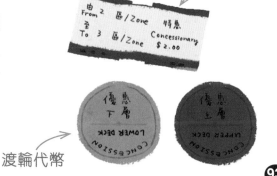

輕鐵車票

From 2 區/Zone 特惠
至 Concessionary
To 3 區/Zone $2.00

優惠
下層
LOWER DECK
CONCESSION

優惠
上層
UPPER DECK
CONCESSION

渡輪代幣

近年有些國家推行「共享單車」計劃——那就是讓人免費或以便宜的費用借用單車，使用後到指定的停泊處歸還，給其他人使用。你們對這種新的「公共交通工具」有什麼看法呢？

聽起來挺吸引啊，可以免費或以便宜的費用踏單車，比起乘坐其他公共交通工具要划算得多呢！

而且踏單車不會噴出廢氣，是清潔又環保的交通工具呢！

如果那些每天都駕駛汽車的人能偶爾改為踏單車，還能改善道路擠塞的問題呢！

我爸爸下班時，就常常因為堵車而晚了回家。如果他踏單車，在馬路上穿梭的話，應該能早點回來吧？

別傻了，在馬路上踏單車也要遵守交通規則，可不能左穿右插的啊！

除了用來代步，我覺得更重要是鼓勵大家做運動。

我平時最怕做運動了，如果有免費或較便宜的「共享單車」，我倒是可以考慮做一下。

不過，會不會有人偷偷把單車帶回家去？

我想這得看大家的自律性了，我到外地旅遊時，也曾看到有人隨街亂泊那些「共享單車」，阻塞行人通道呢！

想一想

- 參考各個同學的意見，你贊成在香港推行「共享單車」計劃嗎？
- 你認為有什麼方法可以解決同學提出的「偷單車」和「隨街亂泊」的問題？請各舉出一項方法。

小小說書人

學習有關「關心社會」的常識主題，最重要多閱讀相關的課外圖書。現在有請江小柔為大家推薦她的心水圖書！

常識主題圖書介紹

《鬥嘴一班香港常識 100 問》

■新雅編輯室　常識內容
　卓瑩　漫畫編寫

集合 10 種以上題型，100 條有趣問題。配合小學常識科課綱編寫，考驗你對香港常識的熟悉程度！

* 設 10 種以上題型
* 附設詳盡答案說明

香港是我們的家，你對它的認識有多少？此書精心編寫了 100 條常識問題，測試小朋友對香港這個家園的認識。問題配合小學常識科課程編寫，有助讀者重溫常識科內容。